Châtel-Guyon

et Vichy

Essai sur l'action combinée

de leurs Eaux minérales

PAR

le Docteur Louis de RIBIER

Médaille de Bronze de l'Académie de Médecine
pour les Eaux minérales en 1900

Médecin consultant à Châtel-Guyon

ORLÉANS

IMPRIMERIE ORLÉANAISE

68, Rue Royale, 68

1903

ع

Châtel-Guyon
et Vichy

Essai sur l'action combinée
de leurs Eaux minérales

PAR

le Docteur Louis de RIBIER

Médaille de Bronze de l'Académie de Médecine
pour les Eaux minérales en 1900

Médecin consultant à Châtel-Guyon

ORLÉANS
IMPRIMERIE ORLÉANAISE
68, Rue Royale, 68

1903

L'action des eaux minérales de Châtel-Guyon a été étudiée avec soin, et la liste des auteurs qui s'en sont occupé, depuis Du Clos, médecin de Louis XIV en 1670 (1), jusqu'à nos jours, est longue. Aussi n'avons-nous pas la prétention de faire ici une clinique thermale de Châtel-Guyon ; ce sujet a été traité et nous ne voulons que rapporter le résultat de nos observations et ajouter, si possible, une page au livre d'or de notre belle station.

Tous nos devanciers ont seulement considéré l'action des eaux en elles-mêmes, prises à la source ou exportées ; mais presque jamais comme complément thérapeutique d'une autre eau minérale. Frappé de cette lacune, nous avons tâché de mettre à profit le séjour que nous avons dû faire à Vichy durant l'été de 1902 et compléter sur place, *de visu*, nos observations.

C'est le résultat de celles-ci que nous livrons aujourd'hui au public médical, qui pourra voir par là que la nature, qui s'est déjà plu à favoriser le centre de la

(1) Observations sur les eaux minérales de plusieurs provinces de France faistes en l'Académie royale des sciences en 1670 et 1671 par le sieur du Clos, médecin du Roy, de ladite académie. Paris, 1675. Imprimerie royale.

France par l'abondance des eaux minérales qu'elle lui
a données, a voulu faire plus en les distribuant de telle
façon que les unes complètent en quelque sorte les
autres, et que, pour le cas qui nous occupe par exem-
ple, le traitement commencé avec grand profit à Vichy
se terminera le plus souvent par une guérison entière
et radicale après une cure à Châtel-Guyon.

Les affections pour lesquelles Châtel-Guyon est net-
tement et toujours indiqué sont bien connues ; nous
les rappelons seulement pour mémoire :

A. — Toutes les entérites aiguës ou chroniques. —
Les entérites à forme diarrhéique ; surtout les diarrhées
des pays chauds. — Constipations de toute origine. —
Appendicite et thyphlite. — Lithiase intestinale. —
Ulcération de l'intestin. — Hémorrhoïdes. — En un
mot, toutes les affections de cette portion du tube
digestif qui va du pylore à l'anus.

B. — Les affections du système génito-urinaire ; le
mal de Bright en particulier.

C. — Les déviations de la nutrition : obésité, goutte,
diabète. — La neurasthénie, trop souvent liée à la
constipation. — Enfin le rhumatisme chronique.

D. — La chlorose des jeunes filles et toutes les ané-
mies en général.

Dans cette liste, déjà longue, nous avons omis volon-
tairement de citer les maladies de l'estomac et du foie ;
c'est, en effet, dans ces deux catégories de malades :
dyspeptiques et hépatiques, que l'on peut ranger, sans
crainte d'erreur, les deux tiers des cinquante mille

baigneurs de Vichy, et c'est à eux, comme nous l'avons dit plus haut, que la cure à Châtel-Guyon, leur saison une fois terminée à Vichy, procurera un soulagement durable, et voici pourquoi :

Affections de l'estomac.

Ainsi que l'a écrit notre regretté confrère le docteur Baraduc, il fut un temps où, lorsqu'on .disait estomac, on répondait Vichy, sans plus long examen. Cependant, en y regardant de plus près, s'il est certains malades souffrant de l'estomac : gastralgiques, dyspeptiques acides, qui quittent Vichy absolument guéris, il en est d'autres, par contre, qui, digérant bien pendant leur saison, sont pris, rentrés chez eux, quelquefois même pendant leur traitement, d'une constipation opiniâtre. Le mot des malades : *Vichy resserre* est très vrai! l'expérience l'a prouvé maintes et maintes fois.

Les eaux de Vichy, grâce à leur composition, fournissent au suc gastrique ce qui lui manque, et le bicarbonate de soude neutralise l'excès d'acide chlorhydrique. C'est en quelque sorte une thérapeutique symptomatique; et, si pendant les trois semaines que dure la cure, les parois de l'estomac et les glandes qu'elles contiennent ne profitent pas du repos que leur donne la médication alcaline pour se tonifier et reprendre leur fonctionnement régulier, tout reviendra au bout de quelque temps à l'état primitif; le malade

rentré chez lui constatera qu'il n'a guère bénéficié de
sa saison. Tout autre sera le résultat si, après trois
septenaires à Vichy, il vient terminer sa cure à
Châtel-Guyon. Il quittera cette station, souvent guéri,
toujours considérablement amélioré (sauf dans les cas
de néoplasme ou d'alcoolisme ancien). Dans les cas
dont il s'agit, on a presque toujours à lutter contre
des dilatations stomacales, et l'on sait depuis longtemps
que le propre des eaux de Châtel-Guyon est de tonifier les tuniques de l'estomac, d'augmenter la vitalité
propre de cet organe et, en donnant plus de force à
chacun de ses éléments cellulaires pour se contracter,
de lui permettre très rapidement de revenir à sa capa-
cité normale. De ce fait même, le séjour des aliments
n'y sera plus aussi long, la production des gaz de
fermentation n'ayant plus lieu; l'atonie disparaîtra et
les digestions deviendront bonnes.

Mais ce n'est pas seulement sur l'estomac que cette
action des eaux de Châtel-Guyon est le plus sensible,
c'est surtout sur l'intestin : souvent, en effet, il arrive
qu'au départ de Vichy, le malade ne souffre plus : ses
digestions sont faciles, plus de pyrosis, aucune dilatation; tout serait pour le mieux si une constipation
rebelle n'était survenue vers la fin de la saison et n'a-
vait jeté un voile de tristesse sur sa satisfaction d'être
enfin guéri. Ici l'action de Châtel-Guyon est vraiment
merveilleuse : l'eau prise à la source *déconstipera*,
— qu'on nous passe l'expression, — et pour toujours
celui que Vichy avait guéri de son affection stomacale,
et par là se vérifie ce que nous avons dit au début :
CHATEL-GUYON COMPLÈTERA VICHY.

Deux facteurs contribuent puissamment à la chose : la propriété laxative de certains des sels de l'eau et l'action tonique de tous. C'est le chlorure de magnésium surtout qui produit l'effet laxatif (1), effet d'autant plus durable qu'il débute plus lentement. Les sels de soude, chlorure et bicarbonate (0 gr. 9550 par litre) augmentent aussi les sécrétions intestinales.

L'action tonique de nos eaux est due surtout à une excitation des nerfs propres de l'intestin (2) et à l'antisepsie intestinale assurée par l'eau elle-même qui, là comme pour l'estomac, en ne permettant pas aux fermentations de se produire, supprime du même coup la surabondance des gaz, cause de dilatation du gros intestin, plus fréquente que l'on ne pense généralement ; le rôle du chlorure de magnésium continue encore ici, car il a la propriété d'augmenter la contractibilité et le péristaltisme intestinal.

L'intestin désencombré, la santé générale s'en ressent aussitôt ; ainsi, en effet, est supprimée une cause très réelle d'auto-intoxication. Aucun affaiblissement à craindre ; l'eau, à l'encontre des purgatifs ordinaires, ne provoquant pas d'état anémique, même passager.

Après une semaine environ de ce traitement, les troubles nutritifs disparaissent, l'appétit revient avec

(1) *Laborde a démontré que le chlorure de magnésium de l'eau minérale est beaucoup plus actif que celui qui est préparé artificiellement.*

(2) *L'action du gaz acide carbonique sur le grand sympathique est aujourd'hui reconnue.*

le sommeil nocturne ; plus de pâleurs subites, de vertiges, de céphalées et de somnolences diurnes ; le malade est débarrassé de tous ces malaises réflexes dus à une auto-intoxication d'origine intestinale. C'est cet ensemble de phénomènes qui constituait la fameuse cachexie alcaline, dont les travaux de nos confrères de Vichy ont débarrassé à tout jamais la littérature médicale.

Nous pouvons maintenant poser nos conclusions pour cette première catégorie de malades : Châtel-Guyon est indiqué pour tous ceux qui, ayant fait une saison complète à Vichy, éprouvent encore quelques troubles du côté de l'estomac ou de l'intestin, les constipés surtout. A ceux-ci, en effet, il ne faut pas de purgatif et on ne saurait trop le répéter : *les eaux de Châtel-Guyonne sont pas purgatives* (1)! Elles n'agissent que mécaniquement grâce à leur action en quelque sorte spécifique sur les fibres lisses de la tunique musculaire de tout le tube digestif. Leur effet se continue sans réaction et, comme le disait déjà Raulin en 1774, *elles n'ont pas les inconvénients des purgatifs ordinaires* (2), elles sont laxatives, font disparaître l'atonie intestinale et ne provoquent pas de constipation dans la suite.

En résumé, on peut dire que, dans les affections du tube digestif, Vichy commence et prépare la guérison,

(1) G. Pessez : *Les eaux de Châtel-Guyon et leur action sur la nutrition*. Paris, Masson et Cie, 1898.

(2) Raulin : *Traité analytique des eaux minérales. Tome II.* Paris, Vincent, *imprimeur*, 1774.

qui est rendue définitive et durable par Châtel-Guyon.
Une station ne marchant pas sans l'autre (1) !

Maladies du foie.

Parmi les affections hépatiques, une surtout est justi-
ciable de Châtel-Guyon après Vichy : c'est la lithiase
biliaire. Ce point de vue n'avait pas échappé à la fine
observation clinique du docteur A. Baraduc, qui fut
presque le créateur de notre station et que la mort a
enlevé trop tôt à l'affection de ses amis et à l'estime
de ses confrères.

Nous ne pouvons mieux faire que de le suivre dans
le développement qu'il a donné à cette question si
importante :

« Les deux grandes stations balnéaires les plus
fréquentées par les malades atteints de lithiase biliaire
sont Vichy et Carlsbad.

« On est étonné tout d'abord du peu de similitude
que présentent les eaux minérales de Vichy et de
Carlsbad, dans leur composition chimique ; on a peine
à concevoir que deux médicaments si différents puis-
sent donner de bons résultats contre les mêmes
affections, et cependant, il faut bien le reconnaître,

---

(1) Contrairement à cette manière de voir, plusieurs de nos
confrères de Vichy nous ont dit qu'ils préféreraient, chez ces
malades, que la cure à Vichy soit précédée et suivie d'un traitement *de huit jours* à Châtel-Guyon.

chacune de ces stations a fait ses preuves dans le traitement de la lithiase biliaire.

« Comment expliquer des résultats si semblables en apparence avec des moyens si différents ? C'est de cette explication que nous pourrons déduire le traitement vraiment rationnel de la lithiase biliaire.

« Voyons d'abord ce qui caractérise les sources de Carlsbad et de Vichy au point de vue de leur composition. La source de la Grande-Grille (Vichy), qu'on emploie presque exclusivement dans les affections du foie, est une source chaude (42°50) dont la minéralisation est de 7 gr. 915 (7 grammes environ si on en déduit l'acide carbonique libre). Dans ces 7 grammes, le bicarbonate de soude est compris pour près de 5 grammes (4 gr. 883). Aucun autre principe fixe ne figure dans l'analyse en quantité importante ; le soufre et l'arsenic ne s'y trouvent qu'en proportions insignifiantes. On peut dire que la Grande-Grille est une source presque exclusivement alcaline, ce qui ne veut pas dire que le reste de sa minéralisation soit absolument sans action, mais ce qui démontre que l'emploi thérapeutique de cette source constitue avant tout une médication purement alcaline.

« Dans l'eau de Carlsbad, au contraire, dont la température varie de 50° à 73°8, sur une minéralisation de 6 grammes environ, nous voyons le bicarbonate de soude figurer pour un peu plus de 1 gramme seulement (1 gr. 298), tandis que nous y trouvons 2 gr. 405 de sulfate de soude et un peu plus de 1 gramme de chlorure de sodium. Cette richesse des eaux de

Carlsbad en sulfate de soude et en chlorure de sodium leur confère des propriétés laxatives qui font absolument défaut aux eaux de Vichy, ainsi que le fait très justement remarquer le docteur Soulignoux dans sa remarquable étude comparative entre les deux stations.

« J'ajoute que cette action des sources de Carlsbad n'est pas seulement laxative, mais désobstruante du foie, de la vésicule et des canaux biliaires. Donc : à Vichy, *médication alcaline puissante et presque exclusive;* à Carlsbad, *médication alcaline très faible mais désobstruante.* Ce qui permet de dire que si Carlsbad est bon pour faciliter l'évacuation et la migration des calculs et pour ramener la quantité de bile à des proportions normales, Vichy est bien préférable pour neutraliser les acides biliaires, empêcher la précipitation de la cholestérine et faciliter sa redissolution.

« Il faudrait donc logiquement, dans la plupart des cas, associer la cure de Carlsbad à celle de Vichy pour établir un traitement hydrominéral rationnel et complet de la lithiase biliaire. C'est une semblable association que je préconise, en constituant, pour les calculeux du foie, le double traitement de Châtel-Guyon et de Vichy. Il me reste à démontrer comment Châtel-Guyon peut suppléer à Carlsbad et remplacer même avantageusement la grande station de Bohême.

« Les eaux de Carlsbad contiennent 1 gramme de bicarbonate de soude, 1 gr. 200 de chlorure de sodium et 2 gr. 405 de sulfate de soude ; or les eaux de Châtel-Guyon renferment un gramme de bicarbonate de

soude, près de 2 grammes de chlorure de sodium
et 1 gr. 60 de chlorure de magnésium. Leur propriété
laxative est connue de tout le monde et l'action sur le
foie et les canaux biliaires du chlorure de magnésium
est particulièrement remarquable. Les expériences
physiologiques du docteur Laborde, au laboratoire de
l'Ecole de médecine, ne laissent aucun doute à ce
sujet. Le chlorure de magnésium est, de tous les sels,
celui qui stimule le plus énergiquement la fibre lisse
dont est formée la tunique musculaire de l'intestin,
des canaux et de la vésicule biliaire. Donc, on peut
dire que Châtel-Guyon est aussi alcalin que Carlsbad,
qu'il est au moins aussi laxatif et que le chlorure de
magnésium est de tous les éléments contenus dans les
eaux minérales celui qui favorise le plus la désobs-
truction des canaux biliaires, de la vésicule et le réta-
blissement de la fonction normale du foie. De plus,
l'eau de Châtel-Guyon, si elle est un peu moins
chaude, ne contient ni soufre, ni arsenic, ce qui est
un avantage certain dans le traitement des affections
du foie. L'eau de Châtel-Guyon active aussi la circu-
lation, accélère les mutations nutritives, conditions
indispensables pour combattre une maladie qui dérive
du ralentissement de la nutrition. Et qu'on ne s'y
trompe pas, ce n'est pas là une simple vue théorique ;
les faits cliniques les plus probants sont venus à l'appui
de cette manière de voir. Une expérience déjà longue
m'a montré la valeur de cette double cure, et je
pourrais produire un grand nombre d'observations des
plus concluantes.

« Toutefois, il est utile, dans la plupart des cas, de faire suivre la cure de Châtel-Guyon d'une médication purement alcaline, c'est-à-dire d'une cure à Vichy. Il est certain que c'est dans la source de la Grande-Grille que les hépatiques de cette nature trouveront le meilleur remède contre l'état pathologique qui produit les calculs du foie et pour prévenir les rechutes d'une affection si sujette à récidiver. C'est à Vichy, en un mot, qu'il faut s'adresser pour empêcher la précipitation de la cholestérine et faciliter sa redissolution, et à Châtel-Guyon pour faciliter l'évacuation des calculs, combattre les accidents de leur migration et rétablir la fonction normale du foie.

« Il résulte de tout cela qu'il faut commencer logiquement par Châtel-Guyon et terminer par Vichy. Un mois, partagé entre les deux stations, suffit généralement pour les deux cures réunies. Cependant il est impossible de fixer formellement d'avance le temps nécessaire; ce point doit être abandonné à l'appréciation des médecins traitants. On obtiendra ainsi un traitement de la lithiase biliaire bien plus complet que celui de Carlsbad, dont les conséquences immédiates seront aussi favorables et dont les résultats lointains seront bien plus complets et bien plus définitifs (1). »

Baraduc préfère que le séjour à Châtel-Guyon précède celui de Vichy; pour nous, nous préférons d'abord le séjour à Vichy : l'action des alcalins empê-

(1) A. Baraduc : *Châtel-Guyon. Traitement. Indications thérapeutiques*, pp. *66 à 70*. Paris, Chaix, *imp.*, 1894.

chant la précipitation de la cholestérine et facilitant sa redissolution, Vichy nous paraît devoir préparer les voies d'expulsion des calculs que les eaux de Châtel-Guyon feront éliminer.

La trop fameuse invention de la cachexie alcaline agissait encore à cette époque sur l'esprit de notre confrère lorsqu'il ajoutait que les anémiques et les femmes à constitution faible et déprimée doivent préférer Royat à Vichy. Ceci est une erreur manifeste ; les eaux de Vichy convenablement administrées n'ont jamais anémié personne, et à ces malades comme aux précédents nous dirons : Vichy d'abord et Châtel-Guyon après !

Maladies de la nutrition.

(GOUTTE, DIABÈTE, OBÉSITÉ)

Nous ne décrirons pas le régime de ces malades à Châtel-Guyon, la question a été étudiée ailleurs. On sait que toutes ces affections sont le résultat du ralentissement dans les échanges nutritifs; nos eaux sont ici indiquées : elles ont une action stimulante, elles augmentent beaucoup, surtout chez les obèses, l'excrétion de l'urée, et nous avons démontré (1) que le poids de l'individu varie en raison inverse du poids de l'urée qu'il excrète; mais, pour qu'ils retirent du traitement hydrominéral tous les fruits qu'ils sont en

(1) Voir notre thèse de Doctorat : *Essai sur le traitement de l'Obésité.* Paris, Rousset, 1901.

droit d'en attendre, il faut un régime sévère et une hygiène convenable dans lesquels les alcalins jouent le plus grand rôle. Pour eux, nous renverserons la proposition et nous leur dirons : Venez d'abord à Châtel-Guyon, vous irez ensuite à Vichy.

A tous ces arguments en faveur de notre thèse, on peut ajouter ceux-ci : Vichy, ville d'eau élégante et mondaine par excellence, est une grande ville ; les distractions de toutes sortes y abondent et les baigneurs sont entraînés malgré eux dans ce tourbillon de fêtes et de plaisirs. A Châtel-Guyon, rien de semblable : à la vie énervante de Vichy succèdent le repos et le calme bienfaisant, les promenades dans les bois et dans la montagne, une température beaucoup moins chaude, et comme distraction, le théâtre seulement quatre fois par semaine! Pas de surexcitation à redouter; et cette tranquillité qui règne dans la station est un adjuvant précieux du traitement. — N'oublions pas non plus de signaler la supériorité (de date récente, il est vrai) des eaux potables de Châtel-Guyon (1).

(1) Depuis 1902, Châtel-Guyon est pourvu d'eau potable provenant d'une source très abondante jaillissant sur les derniers contreforts du Puy-de-Dôme; d'une abondance telle que l'on peut donner par jour deux cents litres d'eau à chaque famille pour sa consommation.

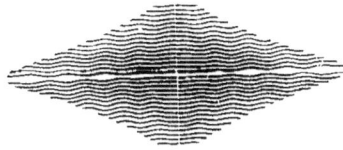